KOSMOS

Lilie liebt Sonnenhut

Schnell & einfach geniale Blumenbeete planen

MIT PFLANZENBESCHREIBUNGEN VON ANGELIKA THROLL

Mix & Match – wer passt zusammen?

Das Kartenset besteht aus 60 Karten mit Pflanzen: 58 Karten mit Blütenstauden – sie sind die Hauptakteure in jedem Blumenbeet – und 2 Karten mit 8 einjährigen Sommerblumen als Lückenfüller und 8 Gräsern als Strukturpflanzen.

Was sind Stauden?

Stauden sind für Fans von blumigen Beeten die wichtigsten Akteure. Die Pflanzen sind mehrjährig, meist winterhart, pflegeleicht und farbenfroh. Perfekt für alle Gartenanfänger:innen! Übrigens: Zwiebel- und Knollenpflanzen sind im weiteren Sinne auch Stauden, sie zeichnen sich lediglich durch ihre besonderen unterirdischen Organe aus. Stauden verholzen nicht so wie Sträucher. Und das Besondere: Im Winter sterben die oberirdischen Pflanzenteile ab. Aber nur, um im nächsten Frühjahr wieder neu auszutreiben. Und das viele Jahr lang.
Mit der richtigen Kombination blüht in deinem Garten von Februar bis Oktober immer etwas in deinem Beet.

Wie funktioniert das Kartenset?

Du kannst mit den 60 Karten ganz einfach loslegen und Beete mit deinen Lieblingspflanzen planen, die dir über viele Jahre Freude machen werden.

1. Überlege dir, was dir wichtig ist, zum Beispiel eine bestimmte Blütenfarbe oder Blütezeit. Oder vielleicht hast du auch Lieblingsblumen, die unbedingt ins Beet sollen?

Ebenso können bestimmte Bedingungen das wichtigste Kriterium sein, wie: „Die Pflanze soll mit Trockenheit zurechtkommen". Dann halte bei den Symbolen Ausschau nach Pflanzen, die nur wenig Wasser brauchen. Oder: „Das Beet ist in der vollen Sonne". Dann suche nur Pflanzen raus, die das Sonnensymbol haben.

2. Lege die Karten vor dir auf den Tisch, die deinen Wünschen entsprechen.

3. Auf der Kartenrückseite findest du unter „Lieblingspartner" Vorschläge für Pflanzen, die gut zu der Art passen, die du bereits ausgesucht hast.

4. Natürlich kannst du auch selbst weitere Arten suchen, die zur ersten Pflanze passen. Am besten wird die Pflanzung funktionieren, wenn die Arten möglichst ähnliche Ansprüche an Licht, Wasser und Nährstoffe haben und die Wuchshöhen unterschiedlich sind.

5. Möchtest du, dass möglichst von Frühling bis Herbst etwas blüht? Dann achte darauf, dass die Pflanzen unterschiedliche Blütezeiten haben.

6. Wie gefällt dir die Kombination, die vor dir auf dem Tisch liegt? Du kannst die Karten so lange neu kombinieren, bis du zufrieden bist.

7. Stehen die Pflanzen fest, geht es nun noch darum, festzulegen, wieviele Pflanzen in dein Beet passen. Hier hilft dir der Pflanzenabstand, den du auf jeder Kartenrückseite unter „Pflanzung & Pflege" findest.

Auf den Seiten 10 bis 12 kannst du dir noch ein paar Grundlagen zur Beetgestaltung durchlesen.

So sehen die Karten aus

❶ So schaut die Pflanze während ihrer Blütezeit aus.

❷ In der unteren Hälfte steht der gebräuchlichste deutsche Name der Staude.

❸ Darunter findest du den botanischen Namen. Er hilft dir, dass du beim Einkauf genau die Pflanze bekommst, die du möchtest. Denn viele Pflanzen haben mehrere deutsche Namen.

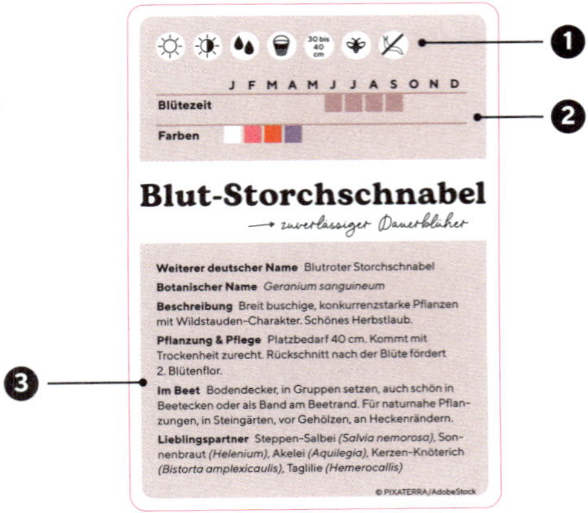

1 Ganz oben auf jeder Karte bekommst du einen schnellen Überblick über die Bedürfnisse der Pflanze: **Licht, Wasser und Nährstoffe** – die absoluten Basics für gutes Wachstum. Außerdem erfährst du, wie **hoch** sie wird, ob sie etwas zu bieten hat für **Bienen, Schmetterlinge und Co.** und ob sie von **Schnecken** verschont bleibt. Eine genaue Erklärung der Symbole findest du auf S. 8/9.

2 Hier siehst du auf einen Blick, in welchen **Monaten die Pflanze blüht** und in welchen **Farben** es sie gibt.

3 Im unteren Teil der Karte findest du weitere Informationen über die Pflanze:

- **Weitere deutsche Namen:** Unter diesen Bezeichnungen ist die Pflanze auch bekannt.
- **Beschreibung:** Hier stehen Informationen zum Wuchsverhalten, zu den Blüten und, je nach Art, zu anderen besonderen Eigenschaften.
- **Pflanzung & Pflege:** Es ist wichtig zu wissen, in welchem Abstand die Staude im Beet zur nächsten Pflanze gesetzt werden sollte. Außerdem findest du Hinweise zum Boden, zu Schnitt- oder anderen Pflegemaßnahmen und erfährst, ob ein Winterschutz nötig ist.
- **Im Beet:** Hier wird erklärt, an welchem Platz im Beet die Staude am besten zur Geltung kommt und ob du sie lieber einzeln oder in Gruppen setzt. Außerdem erfährst du, ob du die Pflanze z. B. auch gut vor Hecken oder an Wegränder setzen kannst.
- **Lieblingspartner:** Du möchtest wissen, wer gut zu dieser Staude passt? Ein paar Top-Kandidaten stehen am Ende jeder Karte. Sie haben natürlich auch eine eigene Karte.

Die Symbole auf den Karten

Hoher Lichtbedarf. Die Pflanze braucht einen sonnigen Platz, um gut zu wachsen und zu blühen.

Mittlerer Lichtbedarf. Mit nur wenigen Sonnenstunden am Tag, im Halbschatten, fühlt sich die Pflanze am wohlsten.

Niedriger Wasserbedarf. Die Pflanze kommt gut mit Trockenheit zurecht, eine zusätzliche Bewässerung ist in der Regel nicht nötig. Zu viel Gießen oder sogar Staunässe schaden.

Mittlerer Wasserbedarf. In heißen Wochen solltest du sie ab und zu gießen und auch bei Anzeichen von „Durst", z. B. schlaffe Blätter.

Hoher Wasserbedarf. Die Pflanze braucht viel Wasser. In trockenen Phasen solltest du sie häufig und ausgiebig wässern.

Die Staude braucht keine extra Düngung, ein Zuviel an Nährstoffen schadet sogar.

Eine organische Düngung im Frühjahr ist zu empfehlen, damit die Pflanze wachsen und viele Blüten bilden kann.

Eine organische Düngung im Frühjahr ist wichtig. Sollte die Pflanze Mangelsymptome zeigen, z. B. helle, gelbliche Blätter, ist eine Nachdüngung nötig.

30 bis 40 cm

Mit dieser Wuchshöhe ist zu rechnen.

Die Staude ist insektenfreundlich. Bienen, Schmetterlinge und andere Insekten sammeln Pollen und Nektar.

Sehr erfreulich! Schnecken schmeckt diese Art nicht besonders.

Basics für die Beetplanung

Natürlich spielt dein persönlicher Geschmack bei der Zusammenstellung der Stauden und bei der Gestaltung deiner Beete eine sehr große Rolle, jedoch sind für gelungene Beete einige Gestaltungsregeln zu beachten.

Mit Farben gestalten

Farben sind das wichtigste Gestaltungmittel für Blumenbeete, aber auch unterschiedliche Blüten- und Blattformen sorgen für Abwechslung.

- **Weiß** harmoniert mit allen anderen Farben. Es vermittelt Eleganz und Leichtigkeit und kann in Pflanzungen als verbindendes Element eingesetzt werden. Rein weiße Pflanzungen kommen am besten vor einem dunklen Hintergrund zur Geltung.
- **Gelb** wirkt je nach Farbton warm (mit etwas Rotanteil) oder kühl (mit Grünanteil).
- **Orange** vermittelt Wärme und Kraft – nur vorsichtig verwenden, da die Farbe schnell dominiert.
- **Rot** kann sehr unterschiedlich sein. Geht es eher ins Orange, wirkt die Pflanzung strahlend, leuchtend. Mit mehr Blauanteil wirkt sie eher kühl und hat wenig Fernwirkung – kühles Rot passt gut zu Pink und Purpurtönen.
- **Rosa** ist eine verbindende, duftige Farbe.
- **Blau** ist eine kühle, erfrischende Farbe, die es in Abstufungen hin zu Violett (wärmer) oder Türkis (kühler) gibt.
- **Grün** beruhigt und vermittelt zwischen allen anderen Farben – ähnlich wie Weiß.

Tipp!

Möchtest du nur eine einzelne Farbe in unterschiedlichen Abstufungen im Beet verwenden? Kein Problem! Achte aber auf verschiedene Blüten- und Blattformen, die für Abwechslung sorgen. Denn zu harmonisch kann schnell langweilig aussehen

Farben kombinieren

Pflanzungen wirken je nach Farbkombination harmonisch oder lebhaft. Mithilfe des Farbkreises kannst du herausfinden, was gut zusammenpasst.

Einen **spannungsreichen Kontrast** ergeben Farben, die sich im Farbkreis mehr oder weniger direkt gegenüberstehen. Man nennt sie Komplementärfarben - z. B. Gelb und Violett, Rot und Grün sowie Orange und Blau. Kontrastierende Farben kommen am besten zur Geltung, wenn du die Stauden in Gruppen pflanzt, damit die einzelnen Farben als ganze Flächen wahrgenommen werden.

Harmonisch wirken Farbdreiklänge, die sich aus den Eckpunkten eines gleichseitigen Dreiecks ergeben - oder Kombinationen aus nebeneinanderliegenden Farben, z. B. Gelb, Orange und Rot oder Blau, Violett und Purpur, wirken zusammen harmonisch.

Der Farbkreis hilft dabei, gute Farbkombinationen zu finden.

Höhenstaffelung

Eigentlich ist das ganz logisch: Kleine nach vorne, große nach hinten – wie auf einem Familienfoto, denn alle sollen ja gesehen werden. Das gilt zumindest für Beete vor Mauern oder Hecken.

Bei Beeten, die von allen Seiten betrachtet werden können, platziert man die höchsten Stauden in der Mitte und die niedrigeren drumherum, also zu den Rändern hin.

Damit die einzelnen Arten besonders gut zur Geltung kommen, werden sie am besten in kleinen Gruppen gepflanzt. Hohe Stauden mit markantem Wuchs: 3 bis 5 Stück, kleinere Stauden, sogenannte Begleitstauden: 5 bis 10 Stück.

Tipp!

Am natürlichsten wirken Gruppen einer Art, wenn die Abstände zwischen den einzelnen Stauden nicht alle gleich sind, sondern die Pflanzen in rhythmischer, leicht unregelmäßiger Folge gesetzt werden.

Basics für Pflanzung & Pflege

Stauden richtig pflanzen

Bevor du dein Beet bepflanzen kannst, solltest Beikräuter entfernen und etwas Kompost einarbeiten. Grabe den Boden mit einem Spaten um, und zwar die obersten 20 cm. Wässere die gekauften Pflanzentöpfe gründlich. Die jungen Pflanzen sollten sich so richtig vollgesogen haben. Stelle die Töpfe dann an den vorgesehenen Platz im Beet. So bekommst du einen ersten Eindruck davon, wie das Beet später aussehen wird. Zu große oder zu kleine Abstände kannst du jetzt noch korrigieren. Sieht alles gut aus? Dann grabe für jede Pflanze ein Loch, das ein bisschen größer ist als der jeweilige Topf. Nimm die Pflanzen aus dem Topf, lockere die äußeren Wurzeln – das fördert die Bildung neuer Wurzeln – und setze die Pflanzen ungefähr so tief in das Loch, wie sie im Topf standen. Etwas andrücken. Nach dem Einpflanzen noch gut angießen – fertig.

Was gibt es zu tun im Staudenbeet?

Januar: Winterschutz kontrollieren.

Februar: Abgestorbene Stängel zurückschneiden.

März: Ältere Stauden zum Verjüngen und Vermehren vorsichtig ausgraben, mit den Händen, dem Messer oder einem Spaten teilen, umpflanzen und gut angießen. Wichtig: An den Pflanzenteilen müssen genügend gesunde Wurzeln verbleiben.

April: Neue Beete anlegen, Stauden pflanzen, organischen Dünger, z. B. Kompost, ausbringen. Winterschutz entfernen (bei Spätfrostgefahr empfindliche Pflanzen nochmal abdecken). Beikräuter entfernen. Beete mulchen.

Mai: Bei Lücken im Staudenbeet einjährige Sommerblumen aussäen. Schnecken absammeln.

Juni: Bei heißen und trockenen Wetterphasen, Pflanzen mit hohem Wasserbedarf gießen (morgens oder abends). Hohe Stauden stützen, z. B. an Bambusstäbe oder ein Gerüst anbinden, damit sie bei Wind nicht umknicken. Schnecken absammeln.

Juli: Bei Bedarf gießen (siehe Juni). Bei trockenen Perioden auch Pflanzen mit mittlerem Wasserbedarf gießen. Boden hacken. Samenstände rechtzeitig entfernen, wenn Selbstaussaat vermieden werden soll.

August: Bei Bedarf gießen (siehe Juni). Verblühtes abschneiden, um eine Nachblüte zu fördern.

September: Ältere Stauden zum Verjüngen und Vermehren vorsichtig ausgraben (siehe März). Neue Beete anlegen, Stauden pflanzen.

Oktober: Frostempfindliche Zwiebelpflanzen wie Dahlien vorsichtig ausgraben, kühl und frostfrei überwintern (z. B. im Keller). Blumenzwiebeln von Frühlingsblühern setzen.

November/Dezember: Empfindliche Stauden vor Frost schützen, z. B. locker mit Tannreisig oder trockenem Laub abdecken.

Tipps zum Weiterlesen

Lucy Bellamy: **Einfach gestalten mit 5 Pflanzen.** Effektvolle Beet-Ideen für jeden Garten

Simone Kern: **Mein Garten summt!** Ein Platz für Bienen, Schmetterlinge und Hummeln

Simone Kern: **Wild & bunt.** Naturnahe Gärten mit heimischen Pflanzen gestalten

Lilli Straub: **6 Schritte zum Traumgarten.** Das Arbeitsbuch zur Gartenplanung

Iris Winkenbach: **Blumenbeete. Es geht auch einfach**! Mit Musterbeeten: blütenreich, naturnah, pflegeleicht

Iris Winkenbach: **Garten einfach günstig.** Richtig schön mit kleinem Budget

Alle Bücher von Kosmos.

BILDNACHWEIS

Mit 2 Fotos von Mauritius Images (1): Garden World Images / Ian Thwaites: 12; Shutterstock (1): /dara craul: 15;

Mit 5 Farbillustrationen von Adobe Stock (1): /ponsyon: 11; Shutterstock (4): /Gringoann.art: 7, 8, 9, 14.

Die 74 Fotos auf den Karten stammen von Adobe Stock (21), iStock (19), Mauritius Images (9), shutterstock (25).

IMPRESSUM

Verpackungsgestaltung von Claudia Adam Graphik Design, Bad Kreuznach unter Vewendung von Farbillustrationen von Shutterstock/ Gringoann.art.

Der Inhalt dieses Buches ist sorgfältig recherchiert und erarbeitet worden. Dennoch können weder Autoren noch Verlag für alle Angaben im Buch eine Haftung übernehmen.

Unser gesamtes Programm findest du unter **kosmos.de.**
Über Neuigkeiten informieren dich regelmäßig unsere Newsletter, einfach anmelden unter **kosmos.de/newsletter**

Gedruckt auf chlorfrei gebleichtem Papier.

Pfizerstr. 5-7, 70184 Stuttgart
kosmos.de/servicecenter

ISBN 978-3-440-18289-5
Projektleitung und Redaktion: Carolin Küßner
Texte (Karten): Angelika Throll
Gestaltung und Satz: CDN Media
Klaus Numberger, Poing
Produktion: Klaus Jost
Druck und Bindung: Longo AG, Bozen
Printed in Italy / Imprimé en Italie

FSC MIX Papier FSC® C023164

Schafgarbe

Achillea filipendulina

50 bis 100 cm

	J	F	M	A	M	J	J	A	S	O	N	D
Blütezeit						■	■		■			
Farben	■											

Schafgarbe

→ *goldgelber Klassiker*

Weitere deutsche Namen Hohe Garbe, Goldgarbe, Edelgarbe

Botanischer Name *Achillea filipendulina*

Beschreibung Aufrecht wachsend, mit gefiederten Blättern, aus vielen Einzelblüten bestehende Scheindolden.

Pflanzung & Pflege Platzbedarf 30 cm. Rückschnitt nach der Blüte führt zu 2. Blüte im September. Oberirdische Teile im Herbst oder besser im zeitigen Frühjahr bodennah zurückschneiden.

Im Beet In kleinen Gruppen fast überall im Beet gut aufgehoben, nur nicht im Hintergrund von höheren Stauden.

Lieblingspartner Steppen-Salbei *(Salvia nemorosa)*, Roter Sonnenhut *(Echinacea purpurea)*, Sonnenbraut *(Helenium)*, Purpur-Fetthenne *(Sedum telephium)*, Skabiose *(Scabiosa caucasica)*

Duftnessel

Agastache foeniculum

50 bis 80 cm

	J	F	M	A	M	J	J	A	S	O	N	D
Blütezeit							■	■	■			
Farben												

Duftnessel

→ *pflegeleichter Trockenkünstler*

Weiterer deutscher Name Anisysop

Botanischer Name *Agastache foeniculum*

Beschreibung Von Weitem sichtbare Blütenkerzen, nach Anis und Fenchel duftende Blätter. Schöne Wintersilhouette.

Pflanzung & Pflege Platzbedarf 50 cm. Verblühtes zurückschneiden, Winterschutz geben. Verwildert durch Selbstaussaat.

Im Beet Am besten in einer Gruppe pflanzen, mittig oder am Beetrand, gerne auch in Tuffs oder Bänder gesetzt. Schön vor dunkleren Hecken oder am Gehölzrand.

Lieblingspartner Sonnenbraut *(Helenium)*, Schafgarbe *(Achillea filipendulina)*, Katzenminze (*Nepeta x faassenii*), Herbst-Anemone *(Anemone hupehensis)*

Frauenmantel

Alchemilla mollis

40 bis 50 cm

	J	F	M	A	M	J	J	A	S	O	N	D
Blütezeit												
Farben												

Frauenmantel

→ *wunderschöner Klassiker*

Deutscher Name Weicher Frauenmantel

Botanischer Name *Alchemilla mollis*

Beschreibung Halbkugeliger Wuchs mit mantelförmigen Blättern und überbordenden Blütenständen.

Pflanzung & Pflege Platzbedarf 40 cm. Rückschnitt nach der Blüte führt zu Neuaustrieb und kompaktem Wuchs.

Im Beet In Gruppen, vorn oder mittig im Beet, gerne an den Rändern als Bodendecker vor höher wachsenden Stauden oder als Unterpflanzung von Hochstämmchen.

Lieblingspartner Taglilien *(Hemerocallis)*, Akelei (*Aquilegia*-Hybriden), Schafgarbe *(Achillea filipendulina)*, Balkan-Kugeldistel *(Echinops bannaticus)*, Roter Sonnenhut *(Echinacea purpurea)*

Berg-Lauch

Allium senescens ssp. montanum

20 bis 40 cm

	J	F	M	A	M	J	J	A	S	O	N	D
Blütezeit												
Farben												

Berg-Lauch

→ *kleiner Spätsommerblüher*

Deutscher Name Ausdauernder Berg-Lauch

Botanischer Name *Allium senescens* ssp. *montanum*

Beschreibung Niedrige, horstbildende Zwiebelpflanze mit schönen Blütenkugeln. Wegen der späten Blütezeit besonders wertvoll für Bienen. In milden Wintern wintergrün.

Pflanzung & Pflege Platzbedarf 40 cm. Für trockene, durchlässige, auch steinreiche Böden. Bei Austrieb im Frühling auf genügend Feuchtigkeit achten.

Im Beet Überall dazwischenstreuen. Nicht zu viele Pflanzen auf einen Fleck setzen.

Lieblingspartner Ästige Graslilie *(Anthericum ramosum)*, Blut-Storchschnabel *(Geranium sanguineum)*, Blumen-Dost *(Origanum laevigatum)*

Kugel-Lauch

Allium sphaerocephalon

70 bis 100 cm

	J	F	M	A	M	J	J	A	S	O	N	D
Blütezeit												
Farben												

Kugel-Lauch

→ *Wildblumen-Charme*

Botanischer Name *Allium sphaerocephalon*

Beschreibung Hoch wachsende, filigrane und schlanke Zwiebelblume. Sehr winterhart.

Pflanzung & Pflege Zwiebeln im Herbst pflanzen. Platzbedarf 25 cm. Sehr trockenresistent – für steinige oder kiesige Standorte ohne Staunässe.

Im Beet In der Beetmitte in Gruppen platzieren oder einfach zwischen die anderen Pflanzen setzen. Schön in Kombination mit Bodendeckern wie *Alchemilla mollis,* über die sie mit ihren Blütenballons herauswachsen.

Lieblingspartner Ästige Graslilie *(Anthericum ramosum)*, Frauenmantel *(Alchemilla mollis)*, Katzenminze (*Nepeta* x *faassenii*), Berg-Flockenblume *(Centaurea montana)*, Gräser

Ochsenzunge

Anchusa azurea

70 bis 120 cm

	J	F	M	A	M	J	J	A	S	O	N	D
Blütezeit					■	■	■					

Farben

Ochsenzunge

→ *liebt es sonnig & warm*

Deutscher Name Große Ochsenzunge

Botanischer Name *Anchusa azurea*

Beschreibung Hohe, ausladende, üppig blühende Sommerstaude. Trockenheitsverträglicher Tiefwurzler.

Pflanzung & Pflege Platzbedarf 50 cm. Braucht im Winter Schutz vor Staunässe und Frost. Eher kurzlebig, samt sich aber selbst aus.

Im Beet Für naturnahe Pflanzungen, einzeln oder in kleinen Gruppen, in die Beetmitte oder den Hintergrund setzen.

Lieblingspartner Katzenminze (*Nepeta* x *faassenii*), Schafgarbe *(Achillea filipendulina)*, Akelei (*Aquilegia*-Hybriden), Kugeldistel *(Echinops bannaticus)*, Sonnenbraut *(Helenium)*, Taglilien *(Hemerocallis)*, Gräser

Strahlen-Anemone

Anemone blanda

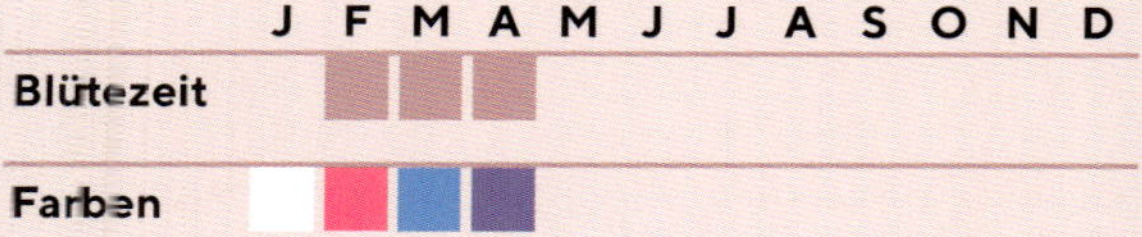

Strahlen-Anemone

→ *blüht sehr früh im Jahr*

Weitere deutsche Namen Blaue Anemone, Frühlings-Anemone, Balkan-Windröschen

Botanischer Name *Anemone blanda*

Beschreibung Üppig blühender Bodendecker, verwandelt ganze Bereiche in einen Blütenteppich, breitet sich durch Selbstaussaat flächig aus.

Pflanzung & Pflege Pflanzung der knolligen Wurzeln im Herbst, 5 cm tief, vorher 24 Stunden in Wasser legen. Platzbedarf 20 cm. Vor Staunässe im Winter schützen.

Im Beet In Gruppen oder Bändern mittig im Beet, wächst gern unter Gehölzen oder am Gehölzrand.

Lieblingspartner Spanisches Hasenglöckchen *(Hyacinthoides hispanica)*, Trompeten-Narzissen *(Narcissus pseudonarcissus)*

Herbst-Anemone

Anemone hupehensis

60 bis 140 cm

	J	F	M	A	M	J	J	A	S	O	N	D
Blütezeit							■	■	■	■		

Farben ■ ■ ■

Herbst-Anemone

→ *romantisch & anmutig*

Botanischer Name *Anemone hupehensis*

Beschreibung Ausladender Wuchs, horst- und ausläuferbildend. Die Blüten stehen auf langen Stängeln hoch über den tiefgrünen Blättern.

Pflanzung & Pflege Im Frühjahr pflanzen, Platzbedarf 45 cm. Braucht zwei Jahre zum Einwachsen, während dieser Zeit Winterschutz geben. In Trockenphasen gießen.

Im Beet Wichtiger Herbstblüher, in Gruppen in die Beetmitte oder in den Beethintergrund setzen. Für naturnahe Beete oder vor Gehölzen. Sorten in Weiß, Rosa, Rot mischen.

Lieblingspartner Große Sterndolde *(Astrantia major)*, Kerzen-Knöterich *(Bistorta amplexicaulis)*, Akelei (*Aquilegia*-Hybriden), Purpur-Fetthenne *(Sedum telephium)*, Gräser

Ästige Graslilie

Anthericum ramosum

40 bis 60 cm

	J	F	M	A	M	J	J	A	S	O	N	D
Blütezeit						■	■	■				
Farben	□											

Ästige Graslilie

→ *bildet grazile Blütenwolken*

Weiterer deutscher Name Rispige Graslilie

Botanischer Name *Anthericum ramosum*

Beschreibung Aufrecht wachsende, filigrane, heimische Staude mit vielen weißen Blüten an bogig geneigten, verzweigten Stielen.

Pflanzung & Pflege Platzbedarf 30 cm. Verträgt Trockenheit gut. Nicht düngen.

Im Beet In Gruppen, hinten oder mittig im Beet. Nach der Blüte strukturbildend dank grasartiger Tuffs.

Lieblingspartner Rundblättrige Glockenblume *(Campanula rotundifolia)*, Kugel-Lauch *(Allium sphaerocephalon)*, Blumen-Dost *(Origanum laevigatum)*, Kartäuser-Nelke *(Dianthus carthusianorum)*, Katzenminze (*Nepeta* x *faassenii*)

Akelei

Aquilegia-Hybriden

40 bis 70 cm

	J	F	M	A	M	J	J	A	S	O	N	D
Blütezeit					■	■	■					
Farben												

Akelei

→ *romantische, grazile Blüten*

Botanischer Name *Aquilegia*-Hybriden

Beschreibung Aufrecht wachsende Stauden mit nickenden Blüten auf langen Stielen. In vielen Formen und Farben, auch mehrfarbig.

Pflanzung & Pflege Platzbedarf 30 cm. In Trockenperioden frühzeitig gießen. Staunässe vermeiden. Vermehrt sich an zusagenden Orten durch Selbstaussaat.

Im Beet Verspielt wirken verschiedene Sorten in kleinen Gruppen, die im Beet einzeln zwischen Sommer- und Herbststauden verteilt werden. Auch hübsch unter lichten Gehölzen oder am Gehölzrand.

Lieblingspartner Pfirsichblättrige Glockenblume *(Campanula persicifolia)*, Große Sterndolde *(Astrantia major)*

Gänsekresse

Arabis caucasica

10 bis 20 cm

	J	F	M	A	M	J	J	A	S	O	N	D
Blütezeit			■	■	■							

Farben weiß, rosa

Gänsekresse

→ *unkomplizierter Frühlingsblüher*

Deutscher Name Kaukasische Gänsekresse

Botanischer Name *Arabis caucasica*

Beschreibung Kleine beliebte Staude, die an zusagenden Plätzen üppige Polster bilden kann.

Pflanzung & Pflege Platzbedarf 25 cm. Nicht zu viele Pflanzen direkt nebeneinander pflanzen, damit im Beet keine Lücken nach dem Verblühen entstehen. Für kompakten Wuchs nach der Blüte auf ca. 10 cm einkürzen.

Im Beet An den Beeträndern, im Vordergrund oder dazwischen gestreut in der Mitte des Beetes, wo sie später durch Sommerblüher abgelöst werden.

Lieblingspartner Früh blühende Tulpen *(Tulipa)*, Traubenhyazinthe *(Muscari botryoides)*, Blausternchen *(Scilla siberica)*

Kissen-Aster

Aster dumosus

20 bis 40 cm

	J	F	M	A	M	J	J	A	S	O	N	D
Blütezeit									■	■	■	

Farben

Kissen-Aster

→ *blüht bis spät in den Herbst*

Weiterer deutsche Name Herbst-Aster

Botanischer Name *Aster dumosus, Symphotrichum dumosum*

Beschreibung Niedrige, üppig blühende, stark wachsende Pflanze mit Wildstauden-Charakter, die sich flächig ausbreiten. Wertvolle Insektenweide im Herbst.

Pflanzung & Pflege Platzbedarf 30 cm. Verblühtes entfernen. Rückschnitt für kompakten Wuchs. Bei Trockenheit gießen.

Im Beet In Gruppen zu 3 bis 5 Stück gepflanzt bekommt man eine gute Kissenwirkung im Beetvordergrund.

Lieblingspartner Herbst-Anemone *(Anemone huphensis)*, Sonnenhut *(Rudbeckia)*, Purpur-Fetthenne *(Sedum telephium)*, Gräser

Große Sterndolde

Astrantia major

50 bis 70 cm

	J	F	M	A	M	J	J	A	S	O	N	D
Blütezeit						■	■		■			
Farben												

Große Sterndolde

→ *zarter Wildstauden-Charme*

Botanischer Name *Astrantia major*

Beschreibung Filigrane, zierliche, halbkugelige Blütendolden, auf langen Stängeln hoch über den Blättern.

Pflanzung & Pflege Platzbedarf 45 cm. Auf genug Erdfeuchte achten. Für eine 2. Blüte im September die Blütenstände im Juni/Juli nach dem Verblühen abschneiden.

Im Beet In kleinen Gruppen zusammenpflanzen. Vorn oder mittig. Gute Begleitpflanze für naturnahe Beete.

Lieblingspartner Katzenminze (*Nepeta* x *faassenii*), Frauenmantel *(Alchemilla mollis)*, Akelei (*Aquilegia*-Hybriden), Kerzen-Knöterich *(Bistorta amplexicaulis)*, Moschus-Malve *(Malva moschata)*

Indigolupine

Baptisia australis

50 bis 120 cm

J F M A M J J A S O N D

Blütezeit

Farben

Indigolupine

→ *blaue Schmetterlingsblüten*

Weiterer deutscher Name Färberhülse

Botanischer Name *Baptisia australis*

Beschreibung Intensiv blauviolett gefärbte Blütenkerzen. Aufrechter, breit buschiger Wuchs. Schönes Laub.

Pflanzung & Pflege Platzbedarf 50 cm. Die Staude bevorzugt durchlässige Böden, normalen Gartenboden mit grobem Sand mischen. Verträgt Trockenheit.

Im Beet In Gruppen oder einzeln in der Beetmitte, nicht hinter höhere Stauden setzen. Für kleine Beete niedrige Sorten wählen, die nur 70 cm hoch werden *(z. B. 'Dark Blue')*.

Lieblingspartner Ästige Graslilie *(Anthericum ramosum)*, Schafgarbe *(Achillea filipendulina)*, Frauenmantel *(Alchemilla mollis)*

Kerzen-Knöterich

Bistorta amplexicaulis

60 bis 120 cm

	J	F	M	A	M	J	J	A	S	O	N	D
Blütezeit							■	■	■	■		
Farben												

Kerzen-Knöterich

→ Blütenfeuerwerk bis in den Herbst

Botanischer Name *Bistorta amplexicaulis*

Beschreibung Hohe beeindruckende Pflanzen mit Blütenkerzen, an denen unzählige weiße, rosa oder roten Blütchen wachsen. Blüht teilweise bis zu den ersten Frösten.

Pflanzung & Pflege Platzbedarf 90 cm. Anspruchslos, aber feuchte, lehmige Böden werden bevorzugt. In Trockenperioden gießen.

Im Beet Solitärpflanze für Ecken oder Einzelflächen. Im Beet in Gruppen mittig oder nach hinten setzen. Auch für den Gehölzrand geeignet.

Lieblingspartner Herbst-Anemone *(Anemone hupehensis)*, Purpur-Sonnenhut *(Echinacea purpurea)*, hohe Gräser

Pfirsichblättrige Glockenblume

Campanula persicifolia

60 bis 80 cm

	J	F	M	A	M	J	J	A	S	O	N	D
Blütezeit						■	■	■				

Farben

Pfirsichblättrige Glockenblume

→ *verspielt und romantisch*

Botanischer Name *Campanula persicifolia*

Beschreibung Aufrecht wachsender Klassiker mit eleganten dünnen Blütenstängeln, an denen wunderschöne große Blütenglocken wachsen. Wintergrüne Blätter.

Pflanzung & Pflege Platzbedarf 30 cm. Empfindlich gegen zu viel Nässe. Lange Blütenstängel brauchen eventuell eine Stütze. Sät sich an zusagenden Standorten selbst aus.

Im Beet Guter Begleiter für auffälligere Staudennachbarn. In Gruppen setzen. Passt auch zu Rosen oder an den Gehölzrand.

Lieblingspartner Große Sterndolde *(Astrantia major)*, Steppen-Salbei *(Salvia nemorosa)*, Katzenminze (*Nepeta* x *faassenii*), Taglilien *(Hemerocallis)*

Rundblättrige Glockenblume

Campanula rotundifolia

20 bis 60 cm

	J	F	M	A	M	J	J	A	S	O	N	D
Blütezeit					■	■	■	■	■	■		

Farben

Rundblättrige Glockenblume

→ *blüht von Frühsommer bis Herbst*

Botanischer Name *Campanula rotundifolia*

Beschreibung Niedrige, heimische Glockenblume mit grazilen blauvioletten Blütenglocken.

Pflanzung & Pflege Platzbedarf 30 cm. Verwildert durch unterirdische Ausläufer. Kann an zusagenden Plätzen üppige Bestände bilden.

Im Beet In Gruppen im vorderen Beetbereich pflanzen. Schön als Einfassung am Wegrand, für Wildblumenwiesen, Steingärten und als Rosenbgeleiter.

Lieblingspartner Ästige Graslilie *(Anthericum ramosum)*, Kerzen-Knöterich *(Bistorta amplexicaulis)*, Kartäuser-Nelke *(Dianthus carthusianorum)*, Berg-Lauch (*Allium senescens* ssp. *montanum*)

Berg-Flockenblume

Centaurea montana

30 bis 50 cm

	J	F	M	A	M	J	J	A	S	O	N	D
Blütezeit					■	■	■					

Farben

Berg-Flockenblume

→ romantischer Wildstauden-Charakter

Botanischer Name *Centaurea montana*

Beschreibung Aufrechte Staude mit buschigem Wuchs. Bildet breite Horste. Die Blüten wirken fast wie ein Mini-Feuerwerk.

Pflanzung & Pflege Platzbedarf 40 cm. Trockenheit wird vertragen. Verblühtes entfernen für 2. Blüte. Verwildert durch Selbstaussaat.

Im Beet In Gruppen setzen, vorn oder in die Beetmitte. Für naturnahe Beete und Bauerngärten geeignet. Auch für Gehölzränder.

Lieblingspartner Frauenmantel *(Alchemilla mollis)*, Akelei (*Aquilegia*-Hybriden), Blut-Storchschnabel *(Geranium sanguineum)*, Steppen-Salbei *(Salvia nemorosa)*

Mädchenauge

Coreopsis lanceolata

25 bis 50 cm

	J	F	M	A	M	J	J	A	S	O	N	D
Blütezeit						■	■	■	■			

Farben

Mädchenauge

→ *Dauerblüher für die Sonne*

Botanischer Name *Coreopsis lanceolata*

Beschreibung Lebendige, aufrecht wachsende, dichtbuschige Staude in intensiven Blütenfarben. Die farbenfrohen Blütenkörbchen bilden sich überreich und halten vom Frühsommer bis in den Herbst.

Pflanzung & Pflege Platzbedarf 35 cm. Früher bodennaher Herbstrückschnitt fördert die Langlebigkeit.

Im Beet In Gruppen, für den vorderen Beetteil. Für naturnahe Pflanzungen und Steingärten.

Lieblingspartner Blut-Storchschnabel *(Geranium sanguineum)*, Taglilien *(Hemerocallis)*, Frauenmantel *(Alchemilla mollis)*, Schafgarbe *(Achillea filipendulina)*, Katzenminze (*Nepeta* x *faassenii*), Gräser

Krokus

Crocus

10 bis 15 cm

	J	F	M	A	M	J	J	A	S	O	N	D
Blütezeit		■	■	■								
Farben												

Krokus

→ *klassischer Frühlingsblüher*

Botanischer Name *Crocus*

Beschreibung Niedrige Zwiebelblumen in tollen Farben und Farbkombinationen.

Pflanzung & Pflege Platzbedarf 5 bis 10 cm. Die Zwiebelpflanzen leiden unter zu viel Regen, Nässe und nährstoffreichen Böden. Verwildern an zusagenden Plätzen.

Im Beet In Gruppen, gerne auch verschiedene Farben kombinieren. Als niedrige Pflanze eher in den Vordergrund setzen. Verwildert ins Beet hinein.

Lieblingspartner Verschiedene Sorten mischen, Trompeten-Narzissen *(Narcissus pseudonarcissus)*, Blaustern *(Scilla siberica)*, Spanisches Hasenglöckchen *(Hyacinthoides hispanica)*

Herbst-Alpenveilchen

Cyclamen hederifolium

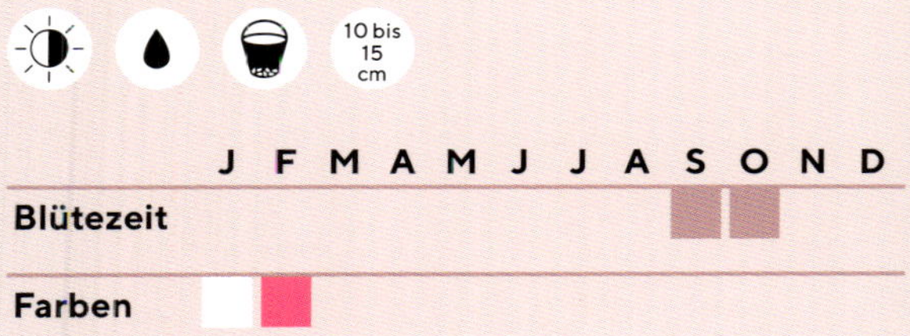

Herbst-Alpenveilchen

→ mit feenhaften Blüten

Botanischer Name *Cyclamen hederifolium*

Beschreibung Schöne, kleine Pflanzen mit filigranen Blüten an langen Stielen über dekorativem, efeublättrigem Laub.

Pflanzung & Pflege Im Frühjahr pflanzen. Platzbedarf 25 cm. An zusagenden Plätzen verwildern sie zu Teppichen bis auf die Rasenflächen. Blätter treiben erst im Herbst aus und zieren auch im Winter.

Im Beet In Gruppen als Bodendecker. Weiße und rosa Sorten kombinieren. Wächst gerne unter lichten Gehölzen oder an Gehölzrändern.

Lieblingspartner Herbst-Krokusse *(Crocus speciosus)*, Blut-Storchschnabel (*Geranium sanguineum*, niedrige, späte Sorten)

Dahlie

Dahlia

60 bis 130 cm

	J	F	M	A	M	J	J	A	S	O	N	D
Blütezeit							■	■	■	■		

Farben

Dahlie

→ *beeindruckende Blütenbälle*

Botanischer Name *Dahlia*

Beschreibung Buschige Pflanzen. Große Sortenvielfalt mit verschiedenen Blütenformen und -farben. Ungefüllte Sorten sind insektenfreundlich.

Pflanzung & Pflege Nach den letzten Frösten im Mai ins Beet setzen. Platzbedarf 40 bis 60 cm. Knollen vor den ersten Frösten aus der Erde nehmen, bei 5 bis 10 °C und dunkel überwintern.

Im Beet Einzeln oder in Gruppen (verschiedene Sorten mischen!) in die Beetmitte setzen. Als Begleiter eignen sich Pflanzen mit filigranem Wuchs oder kerzenartigen Blüten.

Lieblingspartner Prachtkerze *(Gaura lindheimeri)*, Kerzen-Knöterich *(Bistorta amplexicaulis)*, Sonnenbraut *(Helenium)*, Taglilien *(Hemerocallis)*

Kartäuser-Nelke

Dianthus carthusianorum

20 bis 50 cm

	J	F	M	A	M	J	J	A	S	O	N	D
Blütezeit						■	■	■	■			

Farben

Kartäuser-Nelke

→ *mag durchlässige Böden*

Botanischer Name *Dianthus carthusianorum*

Beschreibung Einheimische horstbildende Polsterstaude mit aufrechtem, grazilem, fast grasähnlichem Wuchs. Kleine, gefranste, rosarote Blütchen erscheinen an langen Stängeln.

Pflanzung & Pflege Platzbedarf 30 cm. Verträgt Trockenheit. Kurzlebig, versamt sich aber selbst. Rückschnitt nach 1. Blüte führt zu 2. Blütenflor.

Im Beet In Gruppen setzen. Für naturnahe Beete sowie Steingärten, Mauerkronen, Dachgärten.

Lieblingspartner Schafgarbe *(Achillea filipendulina)*, Duftnessel *(Agastache foeniculum)*, Ästige Graslilie *(Anthericum ramosum)*, Rundblättrige Glockenblume *(Campanula rotundifolia)*, Gräser

Diptam

Dictamnus albus

80 bis 100 cm

J F M A M J J A S O N D

Blütezeit

Farben

Diptam

→ exotisch anmutende Staude

Weiterer deutscher Name Brennender Busch

Botanischer Name *Dictamnus albus, Dictamnus fraxinella*

Beschreibung Beeindruckende, buschig aufrechte Pflanze.

Pflanzung & Pflege Platzbedarf 50 cm. Bevorzugt kalkigen Boden. Im Frühling zurückschneiden. Vorsicht: Die Pflanze ruft bei Hautkontakt oft phototoxische Reaktionen hervor! Handschuhe, lange Ärmel und lange Hosen tragen.

Im Beet Einzeln oder in Gruppen zu dritt, in die Mitte oder hinten ins Beet setzen. Schön vor dunklen Hecken.

Lieblingspartner Prachtkerze *(Gaura lindheimeri)*, Lavendel (*Lavandula angustifolia*, niedrige Sorten), Blut-Storchschnabel *(Geranium sanguineum)*, Pfirsichblättrige Glockenblume *(Campanula persicifolia)*, hohe Gräser

Roter Sonnenhut

Echinacea purpurea

80 bis 100 cm

	J	F	M	A	M	J	J	A	S	O	N	D
Blütezeit							■	■	■			
Farben												

Roter Sonnenhut

→ *Schmetterlinge lieben ihn*

Weitere deutsche Namen Purpur-Sonnenhut, Igelkopf, Schein-Sonnenhut

Botanischer Name *Echinacea purpurea*

Beschreibung Aufrechter Wuchs und große Korbblüten mit Wildpflanzen-Charme. Lange Blütezeit.

Pflanzung & Pflege Platzbedarf 35 cm. Nach dem Verblühen handbreit über dem Boden zurückschneiden.

Im Beet In Gruppen in die Beetmitte oder in die Ecken pflanzen. Für naturnahe Gestaltungen.

Lieblingspartner Duftnessel *(Agastache foeniculum)*, Steppen-Salbei *(Salvia nemorosa)*, Kugel-Lauch *(Allium sphaerocephalon)*, Blut-Storchschnabel *(Geranium sanguineum)*, Purpur-Fetthenne *(Sedum telephium)*, Gräser

Balkan-Kugeldistel

Echinops bannaticus

80 bis 160 cm

	J	F	M	A	M	J	J	A	S	O	N	D
Blütezeit							■	■	■			

Farben

Balkan-Kugeldistel

→ *schon von Weitem sichtbar*

Botanischer Name *Echinops bannaticus*

Beschreibung Aufrecht buschig, locker verzweigt, mit großen, igelförmigen Blütenbällen an langen Stielen.

Pflanzung & Pflege Platzbedarf 70 cm. Durchlässiger Boden. Kommt auch an trockenen Plätzen zurecht. Verwelkte Blüten abschneiden.

Im Beet Einzeln setzen oder in 2er- oder 3er-Gruppen mittig oder hinten im Beet.

Lieblingspartner Prachtkerze *(Gaura lindheimeri)*, Schafgarbe *(Achillea filipendulina)*, Taglilien *(Hemerocallis)*, Kugel-Lauch *(Allium sphaerocephalon)*, Blut-Storchschnabel *(Geranium sanguineum)*, Skabiose *(Scabiosa caucasica)*, Gräser

Steppenkerze

Eremurus-Hybriden

80 bis 100 cm

	J	F	M	A	M	J	J	A	S	O	N	D
Blütezeit						■	■					
Farben												

Steppenkerze

→ *eindrucksvolle Blütentürme*

Weitere deutsche Namen Lilienschweif, Steppenlilie

Botanischer Name *Eremurus*-Hybriden

Beschreibung Prächtige, hohe Pflanzen. Die Blüten ragen majestätisch über ihre Nachbarn hinaus.

Pflanzung & Pflege Platzbedarf 50 bis 100 cm. Durchlässiger Boden. Austrieb vor Spätfrost schützen.

Im Beet In die Mitte oder in den Hintergrund pflanzen, einzeln oder in kleinen Gruppen. Fantastisch vor dunklen Hecken. Die Pflanzen ziehen früh ein und hinterlassen Lücken im Beet, daher nicht zu viele Exemplare zusammensetzen.

Lieblingspartner Bart-Iris *(Iris barbata)*, Blut-Storchschnabel *(Geranium sanguineum)*, Lilien *(Lilium)*, Kugel-Lauch *(Allium sphaerocephalon)*, Steppen-Salbei *(Salvia nemorosa)*

Alpen-Mannstreu

Eryngium alpinum

60 bis 80 cm

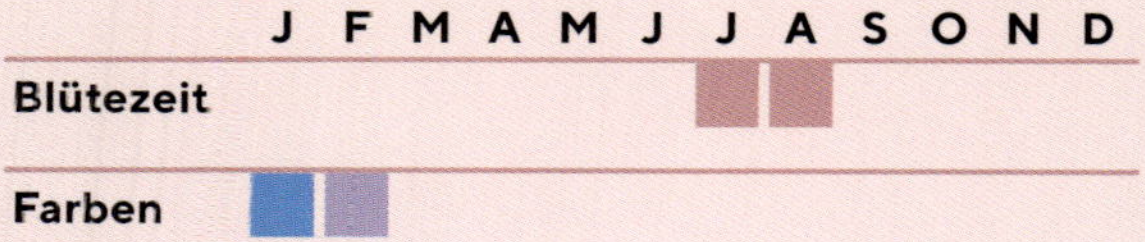

Alpen-Mannstreu

→ *faszinierende Blüten*

Botanischer Name *Eryngium alpinum*

Beschreibung Aufrecht wachsende Wildstaude mit kegelförmigen Blütenständen und stahlblauen Hochblättern. Langlebiger als andere Mannstreu-Arten.

Pflanzung & Pflege Platzbedarf 50 cm. Durchlässiger Boden. Staunässe wird nicht vertragen. Im Frühling zurückschneiden.

Im Beet In kleinen Gruppen in die Beetmitte oder in den Vordergrund pflanzen. Wenn die Fläche klein ist, allein setzen. Schöne Kombinationen mit rosa, violetten und weißen Stauden. Strukturpflanze.

Lieblingspartner Roter Sonnenhut *(Echinacea purpurea)*, Blut-Storchschnabel (*Geranium sanguineum*, rosa Sorte), Taglilien (*Hemerocallis*, weiße oder orangefarbene Sorten)

Prachtkerze

Gaura lindheimeri

60 bis 90 cm

	J	F	M	A	M	J	J	A	S	O	N	D
Blütezeit												
Farben												

Prachtkerze

→ *bringt Leichtigkeit ins Beet*

Botanischer Name *Gaura lindheimeri*

Beschreibung Luftig aufrecht wachsend. Bildet Horste. Grazile, elegante, überhängende, lockere Blütenstände. Lange Blütezeit.

Pflanzung & Pflege Im Frühjahr pflanzen. Platzbedarf 40 cm. Bevorzugt trockene Böden. Staunässe vermeiden, vor Winternässe und starkem Frost schützen. Erhält sich durch Selbstaussaat.

Im Beet Unermüdlicher Dauerblüher, dadurch wertvoller Begleiter. In Gruppen in die Beetmitte setzen.

Lieblingspartner Roter Sonnenhut *(Echinacea purpurea)*, Patagonisches Eisenkraut *(Verbena bonariensis)*, Katzenminze (*Nepeta x faassenii*), Lavendel *(Lavandula angustifolia)*, Gräser

Blut-Storchschnabel

Geranium sanguineum

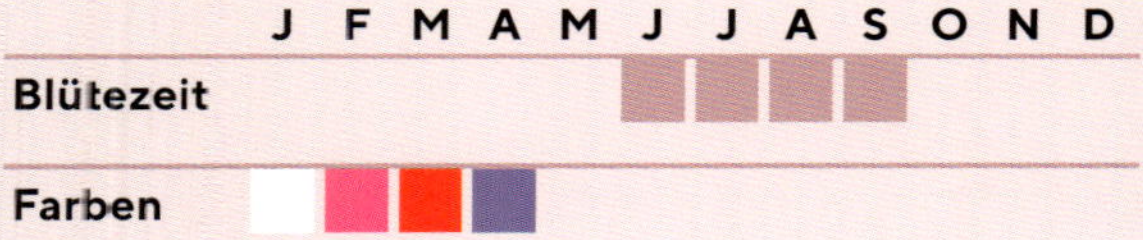

Blut-Storchschnabel

→ *zuverlässiger Dauerblüher*

Weiterer deutscher Name Blutroter Storchschnabel

Botanischer Name *Geranium sanguineum*

Beschreibung Breit buschige, konkurrenzstarke Pflanzen mit Wildstauden-Charakter. Schönes Herbstlaub.

Pflanzung & Pflege Platzbedarf 40 cm. Kommt mit Trockenheit zurecht. Rückschnitt nach der Blüte fördert 2. Blütenflor.

Im Beet Bodendecker, in Gruppen setzen, auch schön in Beetecken oder als Band am Beetrand. Für naturnahe Pflanzungen, in Steingärten, vor Gehölzen, an Heckenrändern.

Lieblingspartner Steppen-Salbei *(Salvia nemorosa)*, Sonnenbraut *(Helenium)*, Akelei *(Aquilegia)*, Kerzen-Knöterich *(Bistorta amplexicaulis)*, Taglilie *(Hemerocallis)*

Sonnenbraut

Helenium-Hybriden

70 bis 150 cm

	J	F	M	A	M	J	J	A	S	O	N	D
Blütezeit							■	■	■			
Farben												

Sonnenbraut

→ *sorgt für Bauerngartenflair*

Botanischer Name *Helenium*-Hybriden

Beschreibung Üppige Stauden mit prächtigen Blüten. Aufrecht buschig wachsend. Bilden Horste.

Pflanzung & Pflege Platzbedarf 60 bis 70 cm. Im Pflanzjahr gießen. Schneckenschutz geben. Hohe Sorten durch Einkürzen im Mai kompakt halten und/oder stützen. Verblühtes entfernen.

Im Beet In kleinen oder größeren Gruppen, auch alleine, falls der Platz nicht reicht. Niedrige Sonnenbraut-Sorten nach vorn, hohe in die Mitte oder ganz nach hinten setzen.

Lieblingspartner Indianernessel *(Monarda)*, Taglilien *(Hemerocallis)*, Patagonisches Eisenkraut *(Verbena bonariensis)*, Steppenkerze (*Eremurus*-Hybriden)

Sonnenröschen

Helianthemum-Hybriden

10 bis 25 cm

	J	F	M	A	M	J	J	A	S	O	N	D
Blütezeit												
Farben												

Sonnenröschen

→ liebt es warm und trocken

Botanischer Name *Helianthemum*-Hybriden

Beschreibung Kleine, kompakt buschig wachsende, robuste Pflanzen, die große Polster bilden können. Schmücken sich überreich mit Blüten. Wintergrün.

Pflanzung & Pflege Platzbedarf 30 cm. Kompakter Wuchs durch Rückschnitt im Spätsommer auf eine Handbreit über dem Boden. Verblühtes entfernen. In rauen Lagen etwas Winterschutz geben.

Im Beet In Gruppen in den vorderen Teil des Beetes setzen. Schön als Einfassung von Beeten, auch an Wegrändern.

Lieblingspartner Lavendel *(Lavandula angustifolia)*, Bart-Iris (*Iris barbata*, niedrige Sorten), Gänsekresse *(Arabis caucasica)*, Katzenminze (*Nepeta* x *faassenii*), Gräser

Christrose

Helleborus niger

25 bis 30 cm

	J	F	M	A	M	J	J	A	S	O	N	D
Blütezeit			■	■								
Farben	weiß											

Christrose

→ *liebt es warm und windgeschützt*

Weitere deutsche Namen Schneerose, Schwarze Nieswurz

Botanischer Name *Helleborus niger*

Beschreibung Kompakter, buschig wachsender Frühlingsblüher, bildet Horste. Immergrünes Laub.

Pflanzung & Pflege Platzbedarf 35 cm. Im Frühling bei Bedarf gießen, im Sommer wird Trockenheit vertragen. Alle Teile der Pflanze sind giftig: Gartenarbeiten nur mit Handschuhen.

Im Beet In Gruppen in die Beetmitte oder leicht verstreut pflanzen. Unter lichten Gehölzpflanzungen und laubabwerfenden Büschen oder am Gehölzrand.

Lieblingspartner Anemone *(Anemone blanda)*, Gedenkemein *(Omphalodes verna)*, Tulpen (*Tulipa*, mit Abstand pflanzen).

Taglilie

Hemerocallis-Hybriden

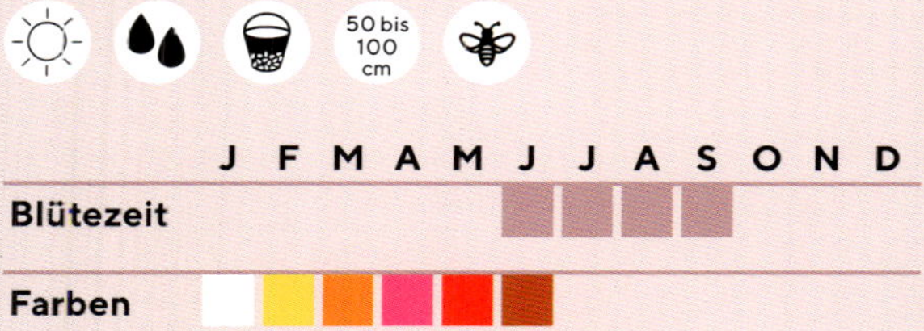

Taglilie

dekorativer Blickfang

Botanischer Name *Hemerocallis*-Hybriden

Beschreibung Breit buschiger bis überhängender Wuchs, horstbildend, großblumig, stern- bis glockenförmige Blüten. Klassische Staude mit großer Sortenvielfalt.

Pflanzung & Pflege Platzbedarf 50 bis 60 cm. Bei langer Trockenheit gießen. Verblühtes regelmäßig ausschneiden. Schneckengefahr nur bei jungen Pflanzen.

Im Beet Einzeln, zu zweit oder in kleinen Gruppen in die Beetmitte, in die Ecken oder in den Hintergrund setzen.

Lieblingspartner Katzenminze (*Nepeta x faassenii*), Balkan-Kugeldistel (*Echinops bannaticus*), Frauenmantel (*Alchemilla mollis*), Blut-Storchschnabel (*Geranium sanguineum*), Prachtkerze (*Gaura lindheimeri*)

Hasenglöckchen

Hyacinthoides hispanica

20 bis 40 cm

	J	F	M	A	M	J	J	A	S	O	N	D
Blütezeit				■	■							

Farben

Hasenglöckchen

→ *unverwüstlicher Frühlingsblüher*

Deutsche Namen Spanisches Hasenglöckchen, Waldhyazinthe

Botanischer Name *Hyacinthoides hispanica*

Beschreibung Aufrecht wachsende, horstbildende Staude mit nickenden Glockenblüten an über dem Laub stehenden Stielen.

Pflanzung & Pflege Im Herbst pflanzen. Platzbedarf 5 bis 15 cm. An zusagenden Plätzen wildert die Pflanze aus. Die Blätter nach der Blüte bis zur Welke ungestört stehen lassen.

Im Beet In Gruppen setzen. Verschiedenfarbige Sorten mischen. Auch schön am Gehölzrand.

Lieblingspartner Frühe Tulpen *(Tulipa)*, frühe Trompeten-Narzissen *(Narcissus pseudonarcissus)*, Balkan-Windröschen *(Anemone blanda)*

Bart-Iris

Iris barbata

15 bis 120 cm

J F M A M J J A S O N D

Blütezeit

Farben

Bart-Iris

→ *in den Farben des Regenbogens*

Weiterer deutscher Name Schwertlilie

Botanischer Name *Iris barbata*

Beschreibung Aufrecht wachsende Stauden, die einen wahren Farbenrausch im Mai und Juni entzünden, auch mehrfarbig. Es gibt niedrige, mittelhohe und hohe Sorten.

Pflanzung & Pflege Rhizome flach pflanzen: 1/3 ragt aus der Erde. Platzbedarf 40 cm. Verträgt Trockenheit, aber keine Staunässe! Verblühtes entfernen, Laub stehen lassen.

Im Beet In Gruppen in die Beetmitte setzen. Je höher die Sorte, desto weiter hinten im Beet platzieren.

Lieblingspartner Katzenminze (*Nepeta x faassenii*), Lavendel *(Lavandula angustifolia)*, Indigolupine *(Baptisia australis)*, Patagonisches Eisenkraut *(Verbena bonariensis)*

Netz-Iris

Iris reticulata

10 bis 20 cm

	J	F	M	A	M	J	J	A	S	O	N	D
Blütezeit												
Farben												

Netz-Iris

→ *blauer Frühlingsbote*

Weitere deutsche Namen Netzblatt-Iris, Zwerg-Iris, Netz-Schwertlilie

Botanischer Name *Iris reticulata, Iridodyctium reticulata*

Beschreibung Duftende, kleine Vorfrühlingsschönheit in leuchtendem Blau. Aufrecht und kompakt wachsende, horstbildende Zwiebelblume.

Pflanzung & Pflege Zwiebeln im Frühherbst in die volle Sonne setzen, Platzbedarf 5 bis 10 cm. Durchlässiger Boden. Im Sommer trocken halten. Blätter nach der Blüte ungestört wachsen lassen. Vermehrt sich über Brutzwiebeln.

Im Beet In Gruppen pflanzen. Vorn oder mittig ins Beet setzen. Auch schön im Steingarten.

Lieblingspartner Krokusse *(Crocus)*, Trompeten-Narzissen *(Narcissus pseudonarcissus)*, Gräser

Witwenblume

Knautia macedonica

60 bis 100 cm

J F M A M J J A S O N D

Blütezeit

Farben

Witwenblume

→ *weinrote Wildstaude*

Deutscher Name Purpur-Witwenblume

Botanischer Name *Knautia macedonica*

Beschreibung Aufrechter Dauerblüher mit nadelkissenartigen Blüten an langen Stängeln, die deutlich über dem Laub stehen.

Pflanzung & Pflege Platzbedarf 60 cm. Staunässe vermeiden.

Im Beet In Gruppen vorn oder mittig ins Beet pflanzen. Wächst gerne auf Böschungen und Hängen sowie am Gehölzrand. Passt in naturnahe Pflanzungen und Beete mit Bauerngarten-Charme.

Lieblingspartner Prachtkerze *(Gaura lindheimeri)*, Katzenminze (*Nepeta x faassenii*), Skabiose *(Scabiosa caucasica)*, Roter Sonnenhut *(Echinacea purpurea)*, Schafgarbe *(Achillea filipendulina)*

Lavendel

Lavandula angustifolia

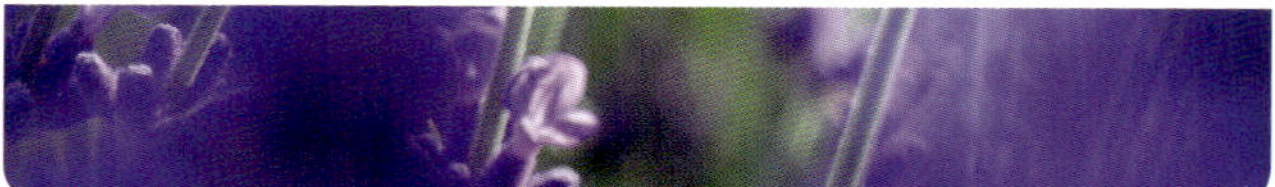

40 bis 60 cm

	J	F	M	A	M	J	J	A	S	O	N	D
Blütezeit							■	■				
Farben												

Lavendel

→ *südfranzösische Leichtigkeit*

Deutsche Namen Echter Lavendel, Garten-Lavendel

Botanischer Name *Lavandula angustifolia*

Beschreibung Aufrecht breitbuschiger Kleinstrauch mit duftenden Blüten.

Pflanzung & Pflege Platzbedarf 40 cm. Für mäßig trockene Plätze ohne Staunässe. In rauen Lagen Winterschutz geben. Rückschnitt im zeitigen Frühjahr nach dem Frost und im Sommer nach der Blüte.

Im Beet In Gruppen oder als Solitär: mittig, vorn oder in den Beetecken. Schön als Dufthecke oder Beeteinfassung.

Lieblingspartner Duftnessel *(Agastache foeniculum)*, Frauenmantel *(Alchemilla mollis)*, Ästige Graslilie *(Anthericum ramosum)*, Steppen-Salbei *(Salvia nemorosa)*

Lilie

Lilium-Hybriden

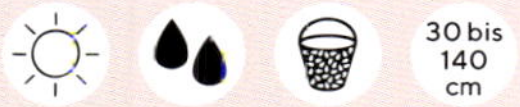

	J	F	M	A	M	J	J	A	S	O	N	D
Blütezeit						X	X	X	X			

Farben

Lilie

→ riesige Sortenvielfalt

Botanischer Name *Lilium*-Hybriden

Beschreibung Aufrecht wachsende, ausdauernde Zwiebelblumen mit auffälligen Blüten und sortenabhängigem Duft.

Pflanzung & Pflege Zwischen Herbst und Frühlung kaufen und direkt pflanzen, da die Zwiebeln leicht austrocknen. Platzbedarf 30 cm. Boden beschatten. Staunässe vermeiden. Hohe Sorten ggf. stützen. Verblühte Stiele abschneiden.

Im Beet In kleinen Gruppen zwischen nicht zu hohe Stauden setzen. Vorn im Beet.

Lieblingspartner Traubenhyazinthe *(Muscari botryoides)*, Akelei (*Aquilegia*-Hybriden), Blut-Storchschnabel *(Geranium sanguineum)*, Kerzen-Knöterich *(Bistorta amplexicaulis)*, Kugel-Lauch *(Allium sphaerocephalon)*

Blut-Weiderich

Lythrum salicaria

100 bis 120 cm

	J	F	M	A	M	J	J	A	S	O	N	D
Blütezeit							■	■	■			

Farben

Blut-Weiderich

→ *Insekten lieben die Blüten*

Botanischer Name *Lythrum salicaria*

Beschreibung Die straff aufrechte, buschig wachsende heimische Wildstaude schmückt sich im Sommer überreich mit Blüten. Bildet Horste.

Pflanzung & Pflege Platzbedarf 50 cm. Spross im zeitigen Frühjahr zurückschneiden. Vermehrt sich durch Selbstaussaat, ggf. Verblühtes abschneiden.

Im Beet In Gruppen pflanzen. Für naturnahe Pflanzungen, Feuchtwiesen und die Nähe von Teichen.

Lieblingspartner Kerzen-Knöterich *(Bistorta amplexicaulis)*, Wasserdost *(Eupatorium cannabinum)*, Wiesen-Iris *(Iris sibirica)*, Binsen

Moschus-Malve

Malva moschata

50 bis 60 cm

J F M A M J J A S O N D

Blütezeit

Farben

Moschus-Malve

→ *liebt es sonnig und warm*

Botanischer Name *Malva moschata*

Beschreibung Einheimische, aufrechte, buschig verzweigte Staude mit filigranem Laub und rosa oder weißen Blüten. Leichter Blüten- und Blattduft.

Pflanzung & Pflege Platzbedarf 50 cm. Langlebigkeit durch Rückschnitt nach der Blüte.

Im Beet Guter Begleiter in Gruppen für den mittleren Bereich des Beetes. Für naturnahe Pflanzungen, auch am Gartenzaun. Bringt ihre Nachbarn zur Geltung.

Lieblingspartner Steppen-Salbei *(Salvia nemorosa)*, Herbst-Anemone *(Anemone hupehensis)*, Akelei *(Aquilegia)*, Kerzen-Knöterich *(Bistorta amplexicaulis)*, Pfirsichblättrige Glockenblume *(Campanula persicifolia)*

Indianernessel

Monarda

70 bis 120 cm

	J	F	M	A	M	J	J	A	S	O	N	D
Blütezeit							■	■	■			
Farben												

Indianernessel

→ *fedrige Blütenschöpfe*

Botanischer Name *Monarda*

Beschreibung Standfest, buschig aufrechter Wuchs. Tolle Kombination aus Blüten und Laub.

Pflanzung & Pflege Platzbedarf 45 cm. Nicht zu trocken und zu dicht setzen, Blätter müssen abtrocknen, da sonst krankheitsanfällig. Im zeitigen Frühling zurückschneiden.

Im Beet Leitstaude, in Gruppen in die Beetmitte oder nach hinten pflanzen, auch als Band. Nicht hinter höher wachsende Nachbarn. Schön vor dunkelgrünen Hecken oder an Gehölzrändern.

Lieblingspartner Taglilie *(Hemerocallis)*, Roter Sonnenhut (*Echinacea purpurea*, auch weiße Sorten), Schafgarbe *(Achillea filipendulina)*, Sonnenbraut *(Helenium)*

Traubenhyazinthe

Muscari botryoides

10 bis 20 cm

	J	F	M	A	M	J	J	A	S	O	N	D
Blütezeit												
Farben												

Traubenhyazinthe

→ *teppichartiger Frühlingsbote*

Deutscher Name Kleine Traubenhyazinthe

Botanischer Name *Muscari botryoides*

Beschreibung Aufrecht wachsende Staude, die Horste bildet. Frühjahrsblüher. Die Blütenstände bestehen aus vielen kleinen Glöckchen.

Pflanzung & Pflege Platzbedarf 5 bis 10 cm. Breitet sich an zusagenden Orten selbst aus. Blätter nach der Blüte bis zum Einziehen ungestört wachsen lassen.

Im Beet In Gruppen pflanzen. Als Band im Vordergrund oder in Tuffs abwechselnd mit anderen frühen Blühern. Gerne auch weiße und blaue Sorten mischen.

Lieblingspartner Blaustern *(Scilla sibirica)*, Krokusse *(Crocus)*, Trompeten-Narzissen *(Narcissus pseudonarcissus)*, Lilien *(Lilium)*

Trompeten-Narzisse

Narcissus pseudonarcissus

30 cm

	J	F	M	A	M	J	J	A	S	O	N	D
Blütezeit												
Farben												

Trompeten-Narzisse

→ verwildert gern

Weitere deutsche Namen Wilde Trompeten-Narzisse, Gelbe Narzisse, Osterglocke, Garten-Trompeten-Narzisse

Botanischer Name *Narcissus pseudonarcissus*

Beschreibung Zwiebelblume. Aufrechter Wuchs.

Pflanzung & Pflege Platzbedarf 10 cm. Durchlässiger Boden. Blätter nach der Blüte ungestört weiterwachsen lassen. Verwildert an zusagenden Plätzen.

Im Beet In Gruppen setzen. Schön zusammen mit anderen Frühlingsblühern in Beeten, auf Wiesen und zwischen lichten Gehölzpflanzungen.

Lieblingspartner Blaustern *(Scilla siberica)*, frühe Tulpen *(Tulipa)*, Traubenhyazinthe *(Muscari botryoides)*, Spanisches Hasenglöckchen *(Hyacinthoides hispanica)*

Katzenminze

Nepeta x faassenii

50 bis 80 cm

J F M A M J J A S O N D

Blütezeit

Farben

Katzenminze

→ *liebt es sonnig und trocken*

Weiterer deutscher Name Blauminze

Botanischer Name *Nepeta x faassenii*

Beschreibung Aufrecht und buschig wachsende Staude, die Horste bildet. Graugrüne, filigrane Blätter.

Pflanzung & Pflege Platzbedarf 35 cm. Nach der Blüte zurückschneiden für 2. Flor. Vor Winternässe schützen.

Im Beet In kleinen Gruppen in die Beetmitte, in den Vordergrund oder an die Beetecken pflanzen, schön als Wegeinfassung.

Lieblingspartner Duftnessel *(Agastache foeniculum)*, Kugel-Lauch *(Allium sphaerocephalon)*, Taglilien *(Hemerocallis)*, Ästige Graslilie *(Anthericum ramosum)*, Blut-Storchschnabel *(Geranium sanguineum)*

Gedenkemein

Omphalodes verna

15 bis 20 cm

	J	F	M	A	M	J	J	A	S	O	N	D
Blütezeit			■	■	■							
Farben												

Gedenkemein

→ *perfekter Bodendecker*

Deutscher Name Frühlings-Gedenkemein

Botanischer Name *Omphalodes verna*

Beschreibung Kleine, flach wachsende, wüchsige Staude, die sich durch Ausläufer teppichartig ausbreitet. Vergissmeinnicht-ähnliche Blütchen mit weißem Auge.

Pflanzung & Pflege Platzbedarf 25 cm. Staunässe und Trockenheit vermeiden. Mag es im Frühling feuchter.

Im Beet In Gruppen vorn ins Beet oder auch zwischen höhere Nachbarn in die Beetmitte pflanzen. Guter Bodendecker und Lückenfüller. Wächst auch gerne am Gehölzrand.

Lieblingspartner Blausternchen *(Scilla siberica)*, frühe Tulpen *(Tulipa)*, Trompeten-Narzissen *(Narcissus pseudonarcissus)*, Taglilien *(Hemerocallis)*, Katzenminze (*Nepeta* x *faassenii*).

Blumen-Dost

Origanum laevigatum

25 bis 60 cm

	J	F	M	A	M	J	J	A	S	O	N	D
Blütezeit							■	■	■			
Farben	■	■	■									

Blumen-Dost

→ *duftet angenehm*

Weitere deutsche Namen Blüten-Dost, Heidegünsel

Botanischer Name *Origanum laevigatum*

Beschreibung Aufrecht locker buschig wachsender Dauerblüher. Breitet sich durch Versamen gerne aus.

Pflanzung & Pflege Platzbedarf 30 cm. Verträgt Trockenheit, Staunässe vermeiden. Starker Rückschnitt nach der Blüte verhindert ein Versamen und fördert die Vitalität.

Im Beet In Gruppen im Beetvordergrund oder locker überhängend am Beetrand. Gute Begleitpflanze mit bodendeckenden Eigenschaften. Schön im Steingarten.

Lieblingspartner Roter Sonnenhut *(Echinacea purpurea)*, Indianernessel *(Monarda)*, Herbst-Anemone *(Anemone hupehensis)*, Steppen-Salbei *(Salvia nemorosa)*

Brandkraut

Phlomis russeliana

60 bis 120 cm

	J	F	M	A	M	J	J	A	S	O	N	D
Blütezeit						■	■					
Farben												

Brandkraut

→ *blüht in Etagen*

Weitere deutsche Namen Syrisches Brandkraut, Russels Brandkraut

Botanischer Name *Phlomis russeliana*

Beschreibung In Etagen angeordnete Blüten mit zahlreichen Blättern auf langen aufrechten Stielen. Ausladend, bildet Ausläufer und breitet sich so teppichartig aus.

Pflanzung & Pflege Platzbedarf 50 cm. Bei zu starker Ausbreitung an den Seiten abgraben.

Im Beet Vertikales Element. Bodendecker. Nur mit konkurrenzstarken Pflanzen kombinieren. Samenkapseln über den Winter als Strukturelement stehen lassen.

Lieblingspartner Lavendel *(Lavandula angustifolia)*, Blut-Storchschnabel *(Geranium sanguineum)*, Katzenminze *(Nepeta x faassenii)*

Missouri-Sonnenhut

Rudbeckia missouriensis

30 bis 40 cm

	J	F	M	A	M	J	J	A	S	O	N	D
Blütezeit							■	■	■			
Farben	■											

Missouri-Sonnenhut

→ mag es heiß und trocken

Botanischer Name *Rudbeckia missouriensis*

Beschreibung Hübsche, feingliedrige, buschig wachsende, horstbildende Präriestaude. Zahlreiche goldgelbe Blüten mit dunkler Mitte. Zarter als andere Rudbeckien.

Pflanzung & Pflege Platzbedarf 50 cm. Verträgt Trockenheit. Verwelktes regelmäßig bis zum grundständigen Blatthorst entfernen. Im zeitigen Frühling Stängel zurückschneiden.

Im Beet In Gruppen in den vorderen Beetbereich pflanzen. Für naturnahe Beete, auch am Gehölzrand.

Lieblingspartner Steppen-Salbei *(Salvia nemorosa)*, Mädchenauge *(Coreopsis lanceolata)*, Blumen-Dost *(Origanum laevigatum)*, Sonnenbraut (*Helenium*-Hybriden), Gräser

Steppen-Salbei

Salvia nemorosa

50 bis 70 cm

	J	F	M	A	M	J	J	A	S	O	N	D
Blütezeit					■	■	■	■				
Farben	weiß	blau	violett									

Steppen-Salbei

→ *blauviolettes Blütenmeer*

Weiterer deutscher Name Blüten-Salbei

Botanischer Name *Salvia nemorosa*

Beschreibung Buschig-horstig wachsender, kompakter Dauerblüher mit einer Fülle an kleinen Einzelblüten.

Pflanzung & Pflege Platzbedarf 30 cm. Durchlässiger Boden. Staunässe vermeiden. Verträgt Trockenheit. Verwildert durch Selbstaussaat. Verblühte Blütenstände abschneiden, dadurch Nachblüte bis September möglich.

Im Beet In kompakten Gruppen an den Rand oder mittig ins Beet setzen. Für naturnahe Steppenpflanzungen und Rosenbeete.

Lieblingspartner Kugel-Lauch *(Allium sphaerocephalon)*, Taglilien *(Hemerocallis)*, Schafgarbe *(Achillea filipendulina)*, Gräser

Skabiose

Scabiosa caucasica

40 bis 80 cm

	J	F	M	A	M	J	J	A	S	O	N	D
Blütezeit							■	■	■			
Farben												

Skabiose

→ *gute Begleitpflanze*

Botanischer Name *Scabiosa caucasica*

Beschreibung Aufrechte Staude, die breite Horste bildet. Halbkreisförmige Blüten auf langen Stängeln.

Pflanzung & Pflege Platzbedarf 35 cm. Durchlässiger, nicht zu trockener Boden. Die Pflanzen ziehen im Winter nicht ganz ein, bilden Überwinterungsknospen an der Oberfläche, dort Winterschutz geben.

Im Beet Guter Begleiter, der in Gruppen gesetzt wird. Eher unauffällig, bringt dadurch andere Stauden gut zur Geltung. Kann im Beet überall wachsen, außer ganz hinten.

Lieblingspartner Duftnessel *(Agastache foeniculum)*, Katzenminze (*Nepeta* x *faassenii*), Roter Sonnenhut *(Echinacea purpurea)*, Witwenblume *(Knautia macedonica)*

Blaustern

Scilla siberica

10 bis 20 cm

	J	F	M	A	M	J	J	A	S	O	N	D
Blütezeit			■	■								
Farben	weiß	blau	violett									

Blaustern

→ *intensiv blau leuchtend*

Weiterer deutscher Name Blausternchen

Botanischer Name *Scilla siberica*

Beschreibung Niedrige, aufrechte Pflanze mit nickenden, filigranen Blütchen. Bildet im Frühjahr große Blütenteppiche.

Pflanzung & Pflege Im Herbst in durchlässigen Boden pflanzen. Platzbedarf 10 cm. Gartenarbeiten vorsichtig durchführen, weil die Zwiebeln nicht tief in der Erde stecken.

Im Beet Verwildert gerne unter lichten Gehölzen, auf Böschungen, an Hängen. In kleinen Gruppen in den Beetvordergrund oder als Band am Beetrand setzen.

Lieblingspartner Trompeten-Narzissen *(Narcissus pseudonarcissus)*, frühe Tulpen *(Tulipa)*, Krokusse *(Crocus)*, Anemone *(Anemone blanda)*

Purpur-Fetthenne

Sedum telephium

40 bis 60 cm

	J	F	M	A	M	J	J	A	S	O	N	D
Blütezeit							■	■	■	■		

Farben

Purpur-Fetthenne

→ *bringt Fabe in den Herbstgarten*

Weitere deutsche Namen Hohe Fetthenne, Großes Fettblatt

Botanischer Name *Sedum telephium*

Beschreibung Kompakt buschig wachsende, horstbildende Staude. Mittelhoher, lange und spät blühender Klassiker mit großen Blütenschirmen.

Pflanzung & Pflege Für durchlässige, trockene Böden ohne Staunässe. Platzbedarf 45 cm. Oberirdischen Teil im zeitigen Frühling zurückschneiden.

Im Beet In kleinen Gruppen vorn oder ans Eck pflanzen. Schön auch als Blütenband im mittleren Beetbereich.

Lieblingspartner Purpur-Witwenblume *(Knautia macedonica)*, Kissen-Aster *(Aster dumosus)*, Katzenminze (*Nepeta* x *faassenii*)

Pechnelke

Silene viscaria

40 bis 50 cm

	J	F	M	A	M	J	J	A	S	O	N	D
Blütezeit					■	■	■					
Farben												

Pechnelke

→ *mag es lieber trocken als nass*

Deutscher Name Gewöhnliche Pechnelke

Botanischer Name *Silene viscaria, Lychnis viscaria*

Beschreibung Buschig aufrecht wachsende Pflanze mit lanzettlichen Blättern und prächtigen, überhängenden, pururrosa Blütenrispen.

Pflanzung & Pflege Platzbedarf 30 cm. Durchlässiger, möglichst nährstoffreicher Boden. Verblühtes entfernen.

Im Beet In Gruppen in den Vordergrund oder die Mitte setzen. Für naturnahe Gestaltungen und Bauerngarten-Beete.

Lieblingspartner Schafgarbe *(Achillea filipendulina)*, Mädchenauge *(Coreopsis lanceolata)*, Sonnenbraut *(Helenium)*, Taglilien *(Hemerocallis)*, Katzenminze (*Nepeta* x *faassenii*), Berg-Flockenblume *(Centaurea montana)*

Purpur-Klee

Trifolium rubens

30 bis 60 cm

	J	F	M	A	M	J	J	A	S	O	N	D
Blütezeit						■	■	■				

Farben (weiß, rosa, rot)

Purpur-Klee

→ *flauschige Blütenkerzen*

Weitere deutsche Namen Fuchsschwanz-Klee, Purpurblühender Klee

Botanischer Name *Trifolium rubens*

Beschreibung Aufrecht buschig bis breitbuschig wachsende Staude mit meist zwei Blüten pro Blütenstiel.

Pflanzung & Pflege Platzbedarf 50 bis 70 cm. Trockener bis mäßig feuchter, durchlässiger Boden. Verwelktes entfernen. Rückschnitt der Stängel im Herbst.

Im Beet Mittig oder hinten ins Beet, einzeln oder als kleine Gruppen. Schön auch als Eckpflanzung oder am Gehölzrand.

Lieblingspartner Blut-Storchschnabel *(Geranium sanguineum)*, Sonnenbraut *(Helenium)*, Skabiose *(Scabiosa caucasica)*, Frauenmantel *(Achillea filipendulina)*, Katzenminze *(Nepeta x faassenii)*

Tulpe

Tulipa

30 bis 60 cm

J F M A M J J A S O N D

Blütezeit

Farben

Tulpe

→ *klassischer Frühlingsblüher*

Botanischer Name *Tulipa*

Beschreibung Aufrecht wachsende Zwiebelblume mit schmalen, langen Blättern. Je nach Sorte mit einfachen, gefüllten, gefransten Blütenblättern, ein- und mehrfarbig.

Pflanzung & Pflege Im Herbst setzen. Platzbedarf 25 cm. Staunässe vermeiden. Abgeblühtes regelmäßig herausschneiden. Blätter bis zum Einziehen in Ruhe wachsen lassen.

Im Beet Verschiedene Tulpen-Sorten mischen. In Gruppen oder als Band vorn oder mittig ins Beet setzen. Schön vor niedrigen, laubabwerfenden Gehölzen.

Lieblingspartner Trompeten-Narzisse *(Narcissus pseudonarcissus)*, Krokus *(Crocus)*, Blut-Storchschnabel *(Geranium sanguineum)*

Patagonisches Eisenkraut

Verbena bonariensis

	J	F	M	A	M	J	J	A	S	O	N	D
Blütezeit							■	■	■	■		
Farben												

Patagonisches Eisenkraut

→ *liebt es sonnig und trocken*

Weiterer deutscher Name Argentinisches Eisenkraut

Botanischer Name *Verbena bonariensis*

Beschreibung Sparrig wachsend, horstbildend, Blätter grundständig, Stängel fast blattlos. Luftig leicht scheinen die Blüten in mehreren Etagen über dem Beet zu schweben.

Pflanzung & Pflege Platzbedarf 35 cm. Im Frühling pflanzen. Nicht sehr winterhart, sät sich aber selbst aus.

Im Beet In Gruppen in der Beetmitte oder hinten. Schließt schnell Lücken im Beet. Fügt sich in viele Gestaltungen ein.

Lieblingspartner Prachtkerze *(Gaura lindheimeri)*, Sonnenbraut *(Helenium)*, Bart-Iris *(Iris barbata)*, Skabiose *(Scabiosa caucasica)*, Duftnessel *(Agastache foeniculum)*, Mädchenauge *(Coreopsis lanceolata)*

Sommerblumen

Sommeraster

Callistephus

J F M A M J J A S O N D

Kornblume

Centaurea cyanus

J F M A M J J A S O N D

Kosmee

Cosmos bipinnatus

J F M A M J J A S O N D

Goldmohn

Eschscholzia californica

J F M A M J J A S O N D

Sommerblumen

Levkoje

Matthiola incana

J F M A M J J A S O N D

Ranunkel

Ranunculus asiaticus

J F M A M J J A S O N D

Königskerze

Verbascum

J F M A M J J A S O N D

Zinnie

Eschscholzia californica

J F M A M J J A S O N D

Gräser

Reitgras
Calamagrostis x acutiflora
'Karl Foerster'
☼ 100–150 cm

Morgenstern-Segge
Carex grayi
☼ ◐ 50–100 cm

Blau-Schwingel
Festuca glauca, F. cinerea
☼ 30–40 cm

Gold-Japanberggras
Hakonechloa macra
'Aureola'
◐ 40–70 cm

Gräser

© Tyrrell/AdobeStock

Japanisches Blutgras
Imperata cylindrica
'Red Baron'
☼ 30–40 cm

© wjarek/shutterstock

Zebragras
Miscanthus sinensis
'Zebrinus'
☼ 140–160 cm

© Nahhana/shutterstock

Lampenputzergras
Pennisetum alopecuroides
'Hameln'
☼ 50–100 cm

© Manfred Ruckszio/shutterstock

Zartes Federgras
Stipa tenuissima
☼ 30–50 cm